LE

Progrès Agricole et Viticole

JOURNAL D'AGRICULTURE MÉRIDIONALE

Dirigé par **L. DEGRULLY**

Professeur à l'École nationale d'Agriculture de Montpellier.

Avec le concours de MM. les Professeurs de l'École d'Agriculture de Montpellier, de Présidents de Sociétés agricoles, de Professeurs départementaux d'Agriculture et d'un grand nombre d'Agriculteurs et de Viticulteurs.

LE PROGRÈS AGRICOLE paraît tous les dimanches en un fascicule cousu et rogné de 16 à 24 pages in-8°, et forme, par an, deux volumes de 4 à 500 pages.

Chaque numéro contient : 1° Une **Chronique** où sont relatées toutes les nouvelles agricoles de la semaine ; 2° Des **articles** de fond sur toutes les questions intéressant l'Agriculture méridionale ; 3° Le **Compte rendu** des Expériences faites à l'École d'Agriculture de Montpellier ; 4° Une **Revue** des Sociétés agricoles du Midi ; 5° Le **Bulletin commercial** ; 6° Une **Petite Correspondance** du Journal, où il est répondu gratuitement à toutes les demandes de renseignements adressées par les Lecteurs.

PRIX DE L'ABONNEMENT

France : Un an, **12** fr. — Recouvré à domicile, **12 fr. 50** c.
Pays de l'Union postale : Un an, **14** fr.

Adresser tout ce qui concerne la Rédaction, les Abonnements et les Annonces, à M. le Directeur du **Progrès agricole**.

Édition de l'Est.

Cette édition, destinée spécialement à la Région de l'Est, paraît à Villefranche (Rhône).

Abonnement, un an : **8** fr.

GREFFAGE

DES

VIGNES AMÉRICAINES

SOUDURES COMPLÈTES — SUCCÈS ASSURÉ

Avec l'emploi de la Ligature VERDALLE

BREVETÉE S. G. D. G.

Médaille d'Or
au Concours de Greffage de la Vigne organisé par le Comice agricole de l'arrondissement de Béziers, le 2 avril 1883.

Médaille de Bronze
à l'Exposition des produits de l'Industrie à Carcassonne, le 13 juillet 1884.

DE L'INSUCCÈS DU GREFFAGE.
DES CAUSES QUI AMÈNENT L'INSUCCÈS.
CONSÉQUENCES DES MAUVAISES SOUDURES.
MOYEN D'ÉVITER LES ACCIDENTS DU GREFFAGE.

PAR

A. VERDALLE et P. MISTRAL

PRIX : **30** CENT.

DÉPOT GÉNÉRAL, A MONTPELLIER :

SAUVAJOL, Quincaillier, 20, Boul. Jeu-de-Paume

MISTRAL-GELLY, Successeur.

On est convaincu aujourd'hui que la reconstitution de nos anciens vignobles ne peut s'effectuer que par les plantations de vignes américaînes.

Parmi leur nombre, quelques cépages sont cultivés comme producteurs directs ; mais la quantité ou la qualité du vin qu'ils peuvent donner (sauf de rares exceptions) n'est pas faite pour nous faire oublier nos récoltes d'autrefois.

C'est donc principalement par le greffage des vignes américaines avec les cépages français que s'opérera la nouvelle reconstitution de nos vignobles.

C'est dans le but de faire connaître quels sont les accidents qui se produisent dans le greffage et le moyen de les éviter, que nous nous sommes proposé d'écrire cette Notice, traitant spécialement de cette importante question.

Nous ne voulons pas présenter cette opération comme un obstacle insurmontable : telle n'est pas notre pensée ; au contraire, il est facile de bien greffer, et il ne faut pour cela qu'un peu de goût et d'attention.

Mais nous croyons qu'il est absolument nécessaire de dire que le greffage doit être bien fait, ainsi que toutes les autres opérations accessoires qui le complètent, pour que les greffes puissent durer et donner d'abondantes récoltes.

Ce n'est que par le greffage que nous pourrons obtenir les mêmes qualités de nos anciens produits, ce qui nous permettra de soutenir avec avantage, sur tous les marchés du monde, la vieille réputation et l'incontestable supériorité des vins français.

Puisse le peu d'expérience que nous avons acquise dans la pratique de l'opération du greffage être utile aux greffeurs et aux viticulteurs ; nous nous estimerons heureux si nous atteignons ce but !

A. VERDALLE. — P. MISTRAL.

GREFFAGE

DES

VIGNES AMÉRICAINES

Du Greffage.

L'opération du greffage exige des soins minutieux ; il faut qu'elle soit faite par des ouvriers capables, si l'on veut reconstituer son vignoble dans peu de temps et dans de bonnes conditions.

Cette opération, que beaucoup de viticulteurs connaissent aujourd'hui, mais qu'on ne saurait jamais trop étudier et trop connaître, comprend:

1° Le déchaussage du porte-greffe, afin de faciliter l'opération.

2° Le greffage du sujet.

3° Le buttage de la terre autour de la greffe.

4° L'enlèvement des racines émises par le greffon, ainsi que les repousses du porte-greffe.

Il est très important de bien faire ces deux dernières opérations ; la moindre négligence apportée dans l'exécution de l'une d'elles pourrait compromettre et même anéantir le succès du greffage, alors même qu'au début la reprise des greffes aurait fait concevoir les plus belles espérances.

Un greffage manqué se répare très difficilement. Quelquefois même, après plusieurs tentatives infructueuses, on est obligé d'y renoncer.

Il ne reste plus alors qu'un moyen radical : arracher ce qui reste et replanter à nouveau; à moins qu'on ne préfère garder une vigne très irrégulière, qui, en raison des nombreux manquants, ne donnera jamais qu'une récolte médiocre.

Il est incontestable que le propriétaire qui se voit réduit à cette fâcheuse extrémité n'est guère encouragé à faire de nouvelles plantations.

Mais quel parti prendre ? Se contentera-t-il des maigres revenus que lui donneront ses récoltes de fourrage ou de céréales ?

Nous lui laissons le soin de répondre lui-même, convaincus d'avance qu'il s'imposera de nouveaux sacrifices lorsqu'il s'apercevra que les revenus qu'il retire balancent à peine les frais de semence et de culture, s'ils ne lui donnent pas des pertes.

En résumé, sans la vigne, la propriété rurale dans la région méditerranéenne est une ruine pour le propriétaire.

Tous les propriétaires viticulteurs ont donc un grand intérêt à prendre toutes les précautions nécessaires pour réussir leurs plantations et leur greffage de vignes américaines.

En procédant ainsi, ils s'épargneront, pour l'avenir, d'inutiles regrets et des dépenses ruineuses.

De la réussite du Greffage.

Comme nous l'avons dit dans le chapitre précédent, la réussite du greffage dépend surtout des bons soins qu'on apportera dans l'opération.

Il faut d'abord avoir de bons greffons, choisis de préférence sur des vignes d'un certain âge et pris sur des sarments fructifères; on devra éliminer avec soin tous les sarments munis de rameaux adventices, ainsi que le recommandent M. Prades (de Bédarieux) et M. E. Giret, président du Comice agricole de l'arrondissement de Béziers.

La cueillette des greffons peut se faire quelques jours après les premières gelées, et alors qu'il ne restera aucune feuille sur les sarments ni du bois vert à leur extrémité; elle pourra se continuer jusqu'au mois de février et même plus tard, tant qu'on sera sûr que la sève n'est pas encore en mouvement.

On devra, de préférence, faire cette cueillette par un temps relativement doux; on devra s'abstenir si le temps était au froid rigoureux ou s'il gelait fortement.

Pour conserver en bon état les sarments qui doivent fournir les greffons, on les mettra à stratifier dans du sable aux trois quarts sec par petites bottes ou isolément; on les recouvrira ensuite avec soin, de manière à bien garnir les vides pour empêcher l'air d'y pénétrer et pour qu'ils ne puissent s'altérer.

Ils devront être placés dans un lieu couvert, soit cellier ou autre, exposé au Nord, afin de retarder l'entrée en végétation.

Quand viendra l'époque du greffage, on devra toujours s'assurer que les greffons qu'on doit employer sont en bon état.

Pour s'en rendre compte, il suffira de les exposer au soleil et à l'abri ; après une heure ou deux, l'action de la chaleur fera apparaître une légère humidité sous l'écorce, et, en faisant une section sur un point quelconque du sarment, on la verra de suite devenir humide et le bois reverdir.

On peut encore s'en assurer de la manière suivante : Après avoir mis les sarments à tremper dans l'eau et les avoir exposés au soleil et à l'abri du vent, ils ne tarderont pas à reverdir leur bois, et, en les laissant séjourner pendant plusieurs jours, on verra les yeux des sarments se gonfler.

On peut alors les employer sans crainte; si au contraire ces phénomènes ne se produisaient pas, il faudrait bien se garder de les utiliser.

Des divers systèmes de Greffes.

Parmi les divers systèmes de greffes connus, trois sont principalement adoptés par la majeure partie des greffeurs.

Ce sont :

La greffe en fente pleine ordinaire.

La greffe en fente simple ou par côté.

La greffe en fente anglaise.

Nous ne parlerons pas ici des autres genres de greffes, les trois modes ci-dessus étant les plus répandus et suffisant largement aux besoins actuels du greffage.

De la Greffe en fente pleine.

La greffe en fente pleine est, selon nous, la plus recommandable sous tous les rapports, celle qui donne en somme les meilleurs résultats, et que beaucoup de greffeurs préfèrent à toutes les autres à cause de sa facilité d'exécution.

Pour pratiquer ce genre de greffe, on décapite le sujet qu'on veut greffer, à fleur de terre si l'on se trouve dans un sol frais et profond, et à 4 ou 5 centim. au-dessous du niveau du sol si l'on se trouve dans un terrain plus sec.

On se sert à cet effet d'une scie à main ou d'un sécateur, suivant la force du sujet.

On fend ensuite le porte-greffe en plein par le milieu, jusqu'à une profondeur de 3 à 7 centim.; la longueur de la fente doit varier suivant le diamètre du sujet.

Après avoir pratiqué la fente sur le porte-greffe, on choisit un greffon du même calibre ou à peu près, qu'on taille en biseau des deux côtés au-dessous de l'œil inférieur, en lui donnant la même longueur que la fente pratiquée sur le porte-greffe.

On devra s'appliquer, autant que possible, à faire les coupes du biseau du greffon rectilignes, afin que ce dernier puisse remplir exactement cette fente.

Il est indispensable de faire coïncider les écorces du greffon et du porte-greffe, au moins pour un côté si ce n'est pour les deux. On devra laisser sur le biseau du greffon autant d'écorce d'un côté que de l'autre.

Quand le greffon se trouvera être d'un plus

faible diamètre que le sujet, on devra tailler légèrement en lame de couteau la partie qui se trouvera à l'intérieur du porte-greffe, puisqu'il ne pourra affleurer des deux côtés à la fois ; mais on aura toujours le soin de lui laisser le plus d'écorce possible ; cela permettra au greffon d'atteindre dans peu de temps le côté opposé du porte-greffe, avec lequel il ne pouvait adhérer dès le début, à cause de son plus faible diamètre.

Si au contraire on enlevait cette écorce, cela empêcherait la soudure de se faire de ce côté ; le bourrelet cicatriciel pourra bien recouvrir le tout et faire croire que la soudure est complète, tant d'un côté que de l'autre ; mais, en réalité, elle n'existera que sur celui dont les écorces affleuraient dès le début.

On devra, dans tous les cas, s'appliquer à bien faire joindre le greffon sur toute la longueur de la fente du porte-greffe.

De la Greffe en fente simple.

La greffe en fente simple s'exécute de la même façon que la précédente, avec cette différence qu'on ne fend le sujet que sur un seul côté au lieu de le fendre entièrement ; on taille le greffon en lame de couteau au lieu de faire les biseaux égaux, comme pour la greffe en fente pleine.

Nous trouvons plusieurs inconvénients à pratiquer ce genre de greffe : c'est de porter quelquefois la greffe sur le côté du porte-greffe au lieu d'en être la continuation.

Il est en outre moins facile de faire joindre le greffon dans la fente du sujet, car il y a presque toujours un petit vide entre la partie du greffon taillée en lame de couteau et la fente intérieure du porte-greffe ; c'est ce qui fait que la greffe se soude mal et se jette sur le côté. Ces inconvénients ne se produisent pas dans la greffe en fente pleine. Nous engageons donc les viticulteurs à renoncer à ce genre de greffe, avec d'autant plus de raison que nous n'aurons, à l'avenir, à greffer que des vignes jeunes, n'ayant encore qu'un faible diamètre, et pour lesquelles il sera facile de trouver des greffons de même grosseur, ou à peu près.

La coupe particulière du greffon dans la greffe en fente simple l'expose à être plus facilement ébranlé sur le porte-greffe, lorsque le vent souffle du côté taillé en lame de couteau.

De la Greffe anglaise.

La greffe en fente anglaise est une bonne greffe, mais elle est plus difficile à exécuter que la greffe en fente pleine, surtout si on veut la bien faire. Aussi les viticulteurs de notre région qui la pratiquaient au début, ont préféré revenir à la greffe en fente pleine, qui donne de très bons résultats et qui est beaucoup plus facile à exécuter.

Pour pratiquer la greffe en fente anglaise, il faut choisir des greffons ayant la même grosseur que le porte-greffe ; on taille l'un et l'autre en biseau d'un seul côté, on pratique ensuite une fente sur la partie inférieure et sur les deux tiers de la longueur des biseaux ; cela produit deux petites languettes qui, insérées l'une dans l'autre, donnent une certaine solidité à la greffe.

La greffe en fente anglaise est très en vogue dans le Bordelais et dans le Beaujolais, où on la préfère à la greffe en fente pleine.

Il se fait, dans ces deux régions surtout, beaucoup de greffes sur table, à l'atelier, qu'on met ensuite en pépinières. On se sert, pour les exécuter, de machines et de divers greffoirs, entre autres la machine Petit (de Langon, Gironde), des greffoirs Prades (de Bédarieux), Brévier (de Bouzigues), Comte (d'Aubenas), etc. On se sert aussi de quelques-uns de ces greffoirs pour exécuter la greffe en fente sur place ; il faut compter parmi ce nombre le greffoir de M. Comy (de Garons, Gard), dont on dit beaucoup de bien.

Du Buttage.

Dès qu'on aura procédé au greffage d'un sujet, on devra butter fortement la terre tout autour de la greffe, afin de la préserver du contact de l'air, qui dessécherait les parties greffées, ce qui amènerait forcément son insuccès.

La terre dont on se servira pour former cette butte devra être ameublie autant que possible et recouvrir de 2 ou 3 centim. l'œil supérieur du greffon.

L'opération du buttage est des plus importantes ; elle devra être toujours bien faite. C'est la butte de terre qui garantit la greffe contre les coups de vent, lorsque, ayant suffisamment végété, elle donne beaucoup plus de prise à ce dernier. Si la butte est insuffisante, la greffe peut être ébranlée et quelquefois même complètement décollée.

Nous ne saurions trop insister sur cette opération accessoire du greffage et engager les viticulteurs à ne pas négliger le buttage de leurs greffes, soit que l'on vienne de greffer, soit lorsqu'on procède à l'enlèvement des racines du greffon et des repousses du porte-greffe.

Les buttes de terre devront être travaillées de temps à autre, de façon à conserver une certaine fraicheur à l'entour du greffon.

Afin de laisser moins de prise aux coups de vent de la région, il sera bon d'enlever quelques feuilles sur les pousses des jeunes greffes pour les empêcher d'en être arrachées violemment ; on peut encore, lorsque les sarments seront suffisamment longs, enterrer leur extrémité dans le sol.

Des Engluements.

Les engluements ne sont pas absolument nécessaires pour obtenir un grand nombre de reprises. Le Concours de Greffage organisé par les soins du Comice agricole de l'arrondissement de Béziers, le 2 avril 1883, en est la preuve.

En effet, sur les 225 greffeurs qui ont pris part à ce concours, 115 n'ont pas englué leurs greffes, et la Commission du Concours n'a pu dire, lorsqu'elle a eu procédé à la vérification des greffes, que ceux-là avaient moins bien réussi que les 110 greffeurs qui avaient englué les leurs.

On nous objectera peut-être que le terrain sur lequel a eu lieu le Concours était entièrement dépourvu de pierres ou de petits graviers, et que par conséquent il n'y avait pas danger à ce qu'un corps étranger quelconque pût s'introduire dans les parties greffées et nuire en aucune façon à la reprise et à la bonne soudure des greffes.

A ceci nous répondrons que nous avons

greffé dans diverses natures de sol, les unes dépourvues de pierres ou de petits graviers, d'autres au contraire très pierreuses ou graveleuses, comme certains terrains de Saint-Georges, et notamment à Murviel, dans un plantier appartenant à M. Justy.... greffé à la fente, au printemps dernier, où nous avons obtenu des greffes admirablement soudées, extrêmement vigoureuses et 98 % de reprises[1].

Cependant nous ne conseillerons pas aux viticulteurs qui veulent engluer leurs greffes de ne pas le faire : trop de précautions en ce qui concerne le greffage ne sauraient jamais nuire ; mais nous estimons que les greffes bien faites, sur lesquelles le greffon est bien ajusté sur le

[1] Ces greffes se trouvent dans un terrain de coteau médiocre, très sec et très calcaire ; plusieurs propriétaires voisins qui ont greffé en même temps que nous, ont éprouvé un échec presque complet. Nous avons aussi greffé, le 23 avril 1884, un autre plantier appartenant à M. Galen, marchand de bois, route de Toulouse, lequel a été parfaitement réussi : le terrain était extrêmement brut et les buttes de terre qui entouraient les greffes n'étaient composées que de grosses mottes. Si les engluements avaient dû être nécessaires, c'eût été surtout dans les deux cas ci-dessus.

porte-greffe, peuvent être dispensées de toute espèce d'engluement. Comme nous n'aurons qu'à greffer des vignes jeunes n'ayant encore qu'un faible diamètre, le greffon remplira dans la plupart des cas la fente du porte-greffe. En admettant même que le greffon soit un peu plus faible que le sujet, la végétation sera assez puissante pour rejeter au dehors tout corps étranger qui aurait pu s'introduire dans la fente du porte-greffe.

On pourra, à titre d'essai, ne pas engluer quelques greffes faites sur des jeunes pieds, et, si l'on ne trouve pas de différence avec celles qui seront engluées, on se passera, à l'avenir, d'engluements, ce qui sera une économie de temps et d'argent.

On se sert généralement, pour engluer les greffes, de l'argile bien pétrie et débarrassée des petits graviers qui pourraient s'y trouver. C'est le meilleur de tous les engluements et le meilleur marché.

De l'Age auquel on doit greffer.

En principe, il est préférable de greffer les vignes américaines aussitôt que possible, et dès la première année qui suit la plantation si l'on reconnaît que les plants aient suffisamment végété.

Si les plants ne sont pas assez vigoureux, il vaudra mieux attendre à la deuxième année. On s'exposerait, s'ils n'étaient pas dans les conditions voulues et si leur système radiculaire n'était pas suffisamment développé, à n'obtenir que des greffes chétives et souvent mal soudées.

Néanmoins on ne devra pas perdre de vue que, plus on greffera jeune, mieux l'on réussira. Ainsi, par exemple : on obtiendra plus de reprises à 1 an qu'à 2, à 2 qu'à 3, etc., etc. Les soudures se feront toujours mieux sur de jeunes plants que sur des plants âgés. On devra s'abstenir de greffer à la première année les plants qui se trouveront placés aux bords des haies ou dans le voisinage des arbres : ces plants, ayant toujours à souffrir de ce voisinage, ne végètent que médiccrement; il conviendra d'attendre un an ou deux, s'il le faut, avant de les greffer; sinon on n'obtiendra que des greffes peu vigoureuses qui resteront longtemps improductives.

Avantage des Couteaux à lame mince.

Les greffeurs auront toujours plus d'avantages à se servir de couteaux ou serpettes à lame très mince que de couteaux à lame forte.

Ces derniers, lorsqu'on pratique la fente sur le sujet, font à peu près l'office d'un coin qu'on enfonce dans le bois; au lieu de le trancher franchement, ils le font éclater, et si le bois du porte-greffe se trouve tire-bouchonné, ce qui arrive quelquefois, la fente, au lieu d'être droite, suit le fil du bois. Cela rend la greffe plus difficile à faire, car il est à peu près impossible de tailler un greffon qui puisse suivre les sinuosités de la fente.

Avec un couteau à lame mince, on pratiquera la fente du porte-greffe comme l'on voudra; on ne la verra pas se prolonger au delà du tranchant de la lame, ce qui arrive souvent lorsqu'on se sert d'un couteau à lame forte ; on évitera le petit vide produit par la prolongation de la fente, vide que le biseau du greffon ne remplit pas toujours malgré toute l'attention du greffeur, ce qui est très préjudiciable à la bonne soudure de la greffe. C'est pour éviter cet inconvénient que nous avons eu l'idée de faire fabriquer ce genre spécial de couteau, qu'on ne trouve pas chez les marchands couteliers.

Nous nous sommes surtout appliqués à obtenir d'excellentes lames, que nous faisons faire avec de l'acier de première qualité.

Ces couteaux sont très simples ; leur prix est de 1 fr. 25 pièce ; nous les vendons *avec garantie*.

Notre dépôt se trouve chez M. MISTRAL-GELLY, quincaillier, boulevard Jeu-de-Paume, 20, à MONTPELLIER [1].

Des Plantations.

En principe, les viticulteurs ne doivent rien négliger pour réussir leurs plantations de vignes américaines.

[1] Nos couteaux portent comme marque un raisin avec feuilles et le nom **A. Verdalle**. Nous tenons également des pierres du levant pour affûter ce genre de couteaux ; leur prix est de 0 fr. 60 à 0 fr. 75 pièce.

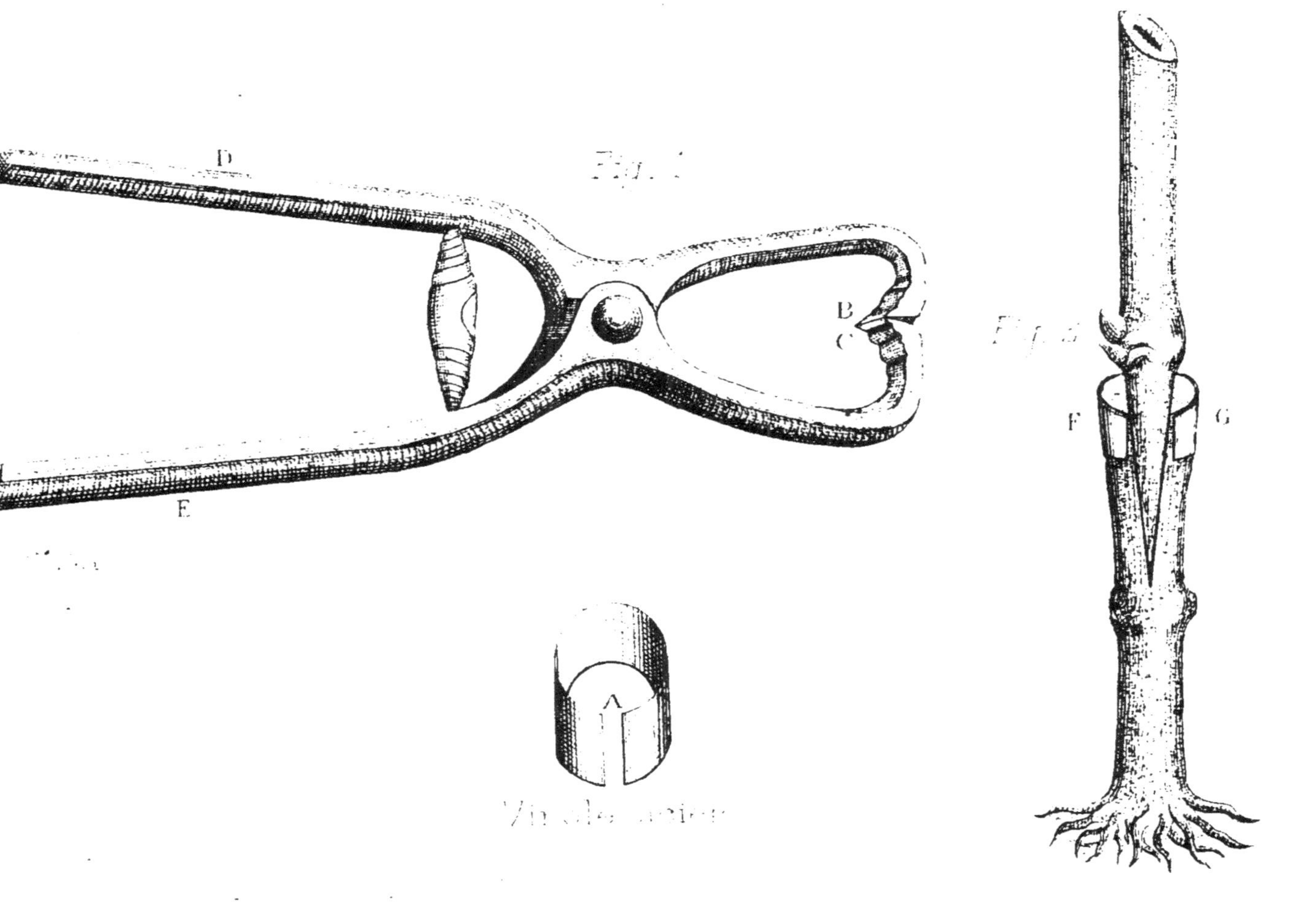
D
B
C
E
F
G
A

Fig. 2

Ils doivent apporter les plus grands soins dans la préparation des terrains qu'ils veulent planter. Pour que les plantations puissent réussir et végéter vigoureusement, il faut avoir préalablement bien défoncé le sol et l'avoir ameubli autant que possible par des labours souvent répétés.

Afin d'assurer une plus grande régularité dans les plantations, il convient de ne planter que des racinés.

Si les ressources dont on dispose ne permettent pas d'opérer ainsi, on ne devra planter que des boutures dont le bois sera bien aoûté et qui auront un diamètre de 7 à 8 millim. au plus, et pas moins de 5 millim. Les boutures ayant un diamètre moindre pourront être utilisées en pépinières et serviront à remplacer, l'année suivante, les manquants qui se seront produits dans la plantation la première année.

Si l'on opérait autrement, on risquerait de n'avoir qu'une reprise très défectueuse : on ne devra, sous aucun prétexte, remplacer les manquants par de nouvelles boutures : on s'exposerait dans ce cas à mettre trois ou quatre années avant d'obtenir une plantation régulière.

Outre que cela deviendrait onéreux, on ne pourrait non plus greffer tous les plants la même année, et l'irrégularité qui se serait produite dans la plantation se répéterait dans le greffage.

Les soins culturaux sont pour beaucoup dans la réussite des plantations, et ils préparent en même temps, pour l'avenir, le succès de l'opération du greffage.

Nous n'avons pas à indiquer ici quels sont les cépages américains que l'on doit planter de préférence : nous sortirions du rôle que nous nous sommes tracé. C'est au viticulteur lui-même de savoir quels sont les plants qui conviennent le mieux à la nature du sol qu'il veut planter.

Nous les engageons du reste, pour plus amples renseignements, à lire le *Manuel pratique de Viticulture* de M. Gustave Foex, directeur de l'École nationale d'Agriculture de Montpellier, et l'excellente brochure de M. Étienne Courty, propriétaire-viticulteur à Saint-Georges-d'Orques (Hérault).

De l'insuccès du Greffage.

L'insuccès dans l'opération du greffage tient à diverses causes : il vient quelquefois de ce que les greffes ont été mal faites, d'autres fois parce qu'on a laissé le greffon s'affranchir et vivre de ses propres racines, ce qui l'a empêché de se souder avec le porte-greffe, avec lequel il n'a plus eu autant d'affinité.

On a souvent remarqué que des greffes très vigoureuses, auxquelles on n'avait enlevé aucune racine la première année, ou bien à qui on ne les avait enlevées qu'à l'époque des fumures et alors que les greffes ne végètent plus, ont décliné rapidement dès la seconde année, quelquefois même n'ont plus végété du tout, et ont tué, par la même occasion, le porte-greffe.

Le plus souvent pourtant, malgré l'habileté du greffeur et malgré toute l'attention qu'il ait pu apporter dans l'opération, il ne peut toujours éviter les accidents qui se produisent dans le greffage, et qui sont indépendants de sa volonté.

Le principal de ces accidents, ou, pour mieux

dire, celui qui cause le plus d'insuccès, c'est la ligature de la greffe, qu'on fait d'habitude avec de la ficelle, du raphia ou toute autre espèce de lien.

Toutes ces ligatures ont le désavantage de pourrir trop tôt si le terrain est humide, et le greffon, n'étant plus alors serré suffisamment contre le porte-greffe, fait une mauvaise soudure, ou la greffe manque.

Dans un terrain sec au contraire, le lien, ne pourrissant pas assez tôt, gêne le développement de la greffe, fait étranglement et produit un résultat analogue.

Les ligatures telles que ficelle ou raphia, non sulfatées, n'existent plus après un mois de séjour dans la terre ; et comme tous les viticulteurs savent que les greffes faites le même jour ne reprennent pas toutes à la même époque, que quelques-unes partent en mai, la plus grande partie en juin et les autres en juillet et août, il y a fort à parier que les dernières seront à peu près mal soudées. Car ce ne sont pas les ligatures qui auront disparu depuis longtemps qui leur auront servi à quelque chose. Ce qui les aura remplacées en partie, ce sera le tassement de la butte de terre et suivant que la nature du sol sera plus ou moins compacte.

Les ligatures sulfatées font étranglement si le printemps est sec, et nous avons vu des greffes étranglées sur des plants de trois ans d'un assez fort diamètre.

Les pluies du printemps et de l'été, dans la région du Midi, ne seraient pas préjudiciables à la réussite du greffage, car elles permettraient d'entretenir constamment la terre fraîche à l'entour de la greffe, ce qui assurerait un plus grand nombre de reprises.

Mais elles ont pour inconvénient de faire souvent disparaître les ligatures des greffes avant que leur soudure soit complète et de provoquer une plus grande émission de racines.

Elles font encore, en quelque sorte, dissoudre la butte de terre qui entoure la greffe, et dont le tassement remplaçait en partie la ligature, ce qui amène l'écartement du porte-greffe dans la greffe en fente et celui des languettes dans la greffe anglaise. Il est rare, du reste, que les pluies dans la région du Midi ne soit pas suivies d'un violent coup de vent, ce qui achève d'ébranler les greffes incomplètement soudées.

La ligature joue donc un rôle des plus importants dans la réussite du greffage, plus important qu'on ne le croit généralement, ou bien plus qu'on n'ose se l'avouer.

C'est l'absence ou le trop de durée des ligatures qui cause le plus de déceptions dans le greffage.

Si elles disparaissent trop tôt, on a des greffes mal soudées ; si elles persistent trop longtemps, c'est l'étranglement de la greffe. Dans les deux cas, le résultat est le même.

Des conséquences des mauvaises Soudures.

Les greffes mal soudées peuvent végéter très vigoureusement la première année, mais elles périclíteront les années suivantes, pour en arriver au rabougrissement final.

Pour notre compte et sans craindre aucune contestation sur ce point, nous les considérons comme si elles n'existaient pas ; elles ne donneront que peu ou pas de fruit pendant toute leur durée, et ce n'est pas pour obtenir un tel résultat que les viticulteurs s'imposent d'aussi grands sacrifices.

Qu'on le sache bien et qu'on y prenne garde, car toutes les déceptions du greffage, viennent de là : presque tous les échecs constatés jusqu'à cejour n'ont eu d'autres causes que de mauvaises soudures.

Une greffe mal soudée devient, par cela même, extrêmement sensible aux brusques changements de température ; elle est plus sujette à la chlorose, ainsi qu'à toutes les maladies cryptogamiques, et les fortes gelées de l'hiver peuvent l'anéantir complètement.

Il est rare de voir des greffes dont la soudure est défectueuse se mettre à fruit ; il est donc préférable de les regreffer, ce que font du reste tous les viticulteurs qui en ont fait l'expérience.

Nous avons parcouru de grandes étendues de vignes américaines greffées, les unes ayant de trois à sept années de greffe, et nous avons remarqué qu'au milieu de greffes extrêmement vigoureuses et ayant donné une abondante récolte, quelques autres étaient arrivées à un degré de rabougrissement avancé ; nous en avons recherché les causes, et le résultat de nos recherches a été celui-ci :

Les greffes vigoureuses sont parfaitement soudées ; celles que nous avons vues chétives, au contraire le sont incomplètement et sont atteintes du pourridié ; quelquefois même le greffon joue sur le porte-greffe, ce qui indique d'une manière irréfutable que la soudure n'a jamais été complète.

De la Ligature VERDALLE.

Afin de remédier aux inconvénients que nous venons de signaler, notre sieur Verdalle imagina de remplacer la ligature ordinaire des greffes par une virole en acier, ouverte, de forme ovale et faisant ressort, qu'on place sur le point greffé au moyen d'un outil-pince de son invention.

Pendant quatre années qu'il s'est servi de ce mode de ligature, il a obtenu de très beaux résultats, tant sous le rapport des reprises que des belles soudures.

Il est facile de comprendre que la virole en acier qui sert de ligature offre des avantages incontestables.

1° *Celui de serrer constamment et de ne pas pourrir.*

2° *Étant ouverte, il n'y a pas à craindre d'étranglement, puisqu'elle cède au fur et à mesure que la greffe se développe.*

Les deux bras de la virole faisant pincette, ayant une tendance à rester serrés l'un contre l'autre, forment une ligature suffisante pour maintenir le greffon serré contre le porte-greffe et en facilitent la soudure. Quand la soudure est faite, le développement naturel fait ouvrir petit à petit les deux bras de la virole, qui finit par se détacher d'elle-même lorsque la greffe a atteint le maximum de son diamètre et quand le greffon et le porte-greffe ne font plus qu'un seul et même corps. Ce système de ligature, présenté pour la première fois au Concours de Greffage de la Vigne organisé par le Comice agricole de l'arrondissement de Béziers, fut principalement remarqué par la Commission, ce qui valut à son inventeur une médaille d'or.

M. Gustave Giret, rapporteur de la Commission du Concours de Greffage, parlant de cette ligature, s'exprimait en ces termes :

« Votre Commission a cru devoir attribuer au mode de ligature employé les magnifiques soudures que l'on remarque sur toutes les souches greffées par ce concurrent. »

(*Messager agricole* du 10 décembre 1883.)

C'est à la suite des résultats obtenus, et pour répondre aux nombreuses demandes qui lui étaient adressées de toute part, que notre sieur Verdalle se décida à faire fabriquer et à livrer aux viticulteurs son système de ligature.

Ces ligatures sont fabriquées avec de l'acier de première qualité et peuvent s'adapter à n'importe quelle force de cep ; elles sont mises à l'abri de la rouille par un procédé chimique et peuvent resservir pendant plusieurs années sans rien perdre de leur élasticité.

De son mode d'emploi.

Leur mode d'emploi est très facile, puisqu'un ouvrier pourrait ligaturer 600 greffes à l'heure, soit 6,000 par journée de travail de 10 heures, alors que ce même ouvrier n'en pourrait ligaturer que 600 dans le même laps de temps, avec toute autre espèce de lien.

Pour placer la ligature sur le sujet greffé, on doit prendre la pince avec la main droite en la tenant presque horizontale, mais sans appuyer sur les branches, de manière qu'elle reste fermée; on prend ensuite la virole avec la main gauche, en passant par-dessous la pince et en présentant l'ouverture de la virole A vis-à-vis les becs intérieurs B C, fig. 1, sur lesquels se trouve une petite encoche servant à la retenir; on appuie ensuite sur les branches de la pince D E, et cette pression fait ouvrir la virole.

On n'a plus alors qu'à la placer sur le sujet greffé à la hauteur de la section du porte-greffe et au point où doit se faire la ligature, en cessant immédiatement de presser sur la pince, de manière que les bras de la virole s'appliquent sur chaque côté du porte-greffe F G, fig. 2. La fig. 3 représente la virole entr'ouverte prête à placer sur le porte-greffe. Quand on greffera en fente anglaise, il sera nécessaire de placer une ligature sur chaque extrémité de languette, afin que la pression exercée par le ressort fasse bien appliquer la languette du greffon contre le porte-greffe et celle de ce dernier contre le greffon.

Il y a six dimensions de viroles désignées par les n°s 1 à 6, en commençant par la plus petite.

Le n° 1 sert de ligature dans la greffe en fente, pour un cep de 3 à 5 millim.

Le n° 2,	pour un cep de	5 à 8	—
Le n° 3,	—	8 à 11	—
Le n° 4,	—	11 à 14	—
Le n° 5,	—	14 à 17	—
Le n° 6,	—	17 à 24	—

Les mêmes ligatures servent pour la greffe en fente anglaise, dans les dimensions ci-dessous:

Le n° 1,	pour un cep de	5 à 7	mill. de force
— 2,	—	7 à 10	—
— 3,	—	10 à 13	-

Le n° 4, pour un cep de 13 à 16 mill. de force
— 5, — 16 à 19 —
— 6, — 19 à 22 —

Le prix des six dimensions est de :

9 fr. le mille pour le n° 1.
9 fr. 50 — 2.
9 fr. 75 — 3.
10 fr. — 4.
10 fr. 50 — 5.
11 fr. — 6.

Celui de la pince, 1 fr. 50.

Il ne sera pas moins expédié de 600 ligatures à la fois, assorties ou non.

De ses avantages.

Cette ligature, ne pourrissant pas et serrant constamment la greffe, offre l'avantage de faciliter la soudure et de la compléter ; elle permet de prolonger le biseau du greffon, ce qui augmente les chances de reprise, tout en évitant les accidents du greffage provenant de la disparition anticipée des autres ligatures, telles que ficelle ou raphia, etc.; elle a sur ces dernières l'avantage de pouvoir resservir plusieurs fois.

Elle élimine en même temps, par sa forme particulière, les causes d'étranglement, en cédant au fur et à mesure des besoins de la greffe, sans provoquer aucune interruption dans l'émission de la sève ; elle la garantit encore contre les coups de vent lorsque les pousses de la jeune greffe, ayant suffisamment végété, la mettent en danger d'être décollée tant que la soudure n'est qu'herbacée.

Enfin elle permet, et ce n'est pas là un de ses moindres avantages, de pouvoir enlever sans danger en temps utile, et chaque fois que cela devient nécessaire, les racines françaises émises par le greffon et les repousses américaines du porte-greffe, opération des plus importantes, que beaucoup de viticulteurs n'osent pas faire ou ne font que très tard, dans la crainte d'ébranler leurs greffes par suite de l'absence de toute ligature.

Avec la ligature Verdalle, on pourra dégager entièrement la greffe de la butte de terre qui l'entoure, et procéder avec la plus grande facilité et en toute sécurité à l'enlèvement des racines du greffon et des repousses américaines, car la ligature ne lui fera jamais défaut.

Il ne faut pas perdre de vue que c'est là une des opérations du greffage qui ne doit pas être négligée, et que ce n'est qu'à la condition qu'elle aura été faite en temps utile que la soudure de la greffe pourra se compléter. On s'expose, en laissant trop longtemps le greffon vivre de ses propres racines alors qu'il devrait tirer du porte-greffe seul les matériaux nécessaires à son existence, à n'obtenir que des greffes dont la structure sera défectueuse et sur la durée desquelles on ne pourra compter.

Tableau comparatif du prix de la ligature Verdalle avec celui des autres ligatures.

On s'accorde généralement à dire que la ligature Verdalle est très bonne, mais qu'on en trouve le prix singulièrement élevé ; à première vue, en effet, elle paraît très chère, mais en réalité cette cherté est plus apparente que réelle, et nous allons essayer de le démontrer.

Pour bien ligaturer 1,000 greffes, il faut 2 fr. de ficelle ou de raphia, ci... 2 fr.

Si l'on fait ligaturer par des femmes, à raison de 500 greffes par jour et de 2 fr. la journée, ci.................... 4 »

Total.......... 6 fr.

Si le greffeur fait lui-même la ligature (ce qui est préférable à tous les points de vue), il perdra autant de temps qu'il en met pour faire une greffe. Cela devient encore plus onéreux.

Nos ligatures coûtent 10 fr., soit 4/10 de centime de plus par greffe, mais elles donneront de 5 à 10 °/₀ de reprises de plus que les autres ligatures, en admettant même que le nombre de reprises soit égal, ce qui n'arrive pas, chaque année. Celui des soudures ne le sera pas et nous aurons toujours la même proportion dans ce nombre. On ne peut pas compter sur la durée des greffes mal soudées, et, comme nous l'avons dit autre part, nous les considérons comme si elles n'existaient pas, puisqu'elles ne donneront que peu ou pas de fruit jusqu'à leur complet dépérissement.

Si donc nous prenons le chiffre minimum de 5 °/₀ de reprises ou de bonnes soudures, nous obtiendrons donc 50 greffes de plus par 1,000 que ce qu'on en obtiendra avec l'emploi des autres ligatures.

Ces 50 greffes que nous aurons obtenues en plus donneront du fruit l'année suivante, tandis que celles que l'on aura eues en moins n'en pourront pas donner et qu'il faudra les greffer à nouveau, ce qui sera toujours une perte de temps et d'argent tout à la fois.

On voit par ce qui précède que, pour si peu qu'on évalue la valeur d'une greffe, on aura toujours avantage à se servir de notre ligature, et que les 4 fr. qu'on aura dépensés en plus pour 1,000 greffes seront largement compensés par les bénéfices qu'on en retirera.

Nous cherchons par tous les moyens possibles à pouvoir livrer nos ligatures à bon marché : tel est le but constant de nos efforts.

Nous sommes heureux de pouvoir dire que nous avons atteint ce but en partie et que nous pouvons les livrer cette année à **5** fr. *de moins* par 1,000 que l'année dernière, tout en ayant apporté des perfectionnements dans la fabrication ; les ligatures seront mieux faites et nous aurons plus de régularité dans la force du métal et dans le ressort [1]. La pince qui sert à les placer vaut 1 fr. 50 au lieu de 2 fr.

En résumé, nous avons presque la certitude d'arriver à des prix plus inférieurs encore, et MM. les viticulteurs peuvent nous y aider en nous faisant leurs demandes dans le courant de l'année au lieu d'attendre l'époque du greffage.

Afin de pouvoir livrer en temps utile à MM. les Viticulteurs le nombre de ligatures dont ils au-

[1] Les premiers essais de fabrication ont été très difficiles et très coûteux, nous ne pouvions obtenir dès le début l'élasticité nécessaire : nous avons employé diverses qualités d'acier avant de pouvoir arriver au résultat voulu, entre autres des aciers d'Allemagne, qui, étant plus pailleux que les aciers anglais et français, ont occasionné une casse anormale. Quelques milliers de ligatures ayant été fabriquées à un moment de presse, avec de la tôle d'acier, nous ont donné de mauvais résultats comme force de ressort. Nous avons dû même en mettre la plus grande partie de côté comme invendables, tandis que celles qui avaient été fabriquées avec de petites barres d'acier passées plusieurs fois de suite au laminoir, pour obtenir la force de métal nécessaire, ont donné toutes de bons résultats.

Qu'on ne nous en veuille pas si dans le nombre des ligatures que nous avons vendues l'année dernière il s'en est trouvé qui aient cassé, ou trop faibles : nous n'avons trompé personne. Les tâtonnements inévitables du premier début produisent toujours les mêmes inconvénients, et ce n'est que par la suite qu'on arrive à y remédier.

ront besoin, ils sont priés d'adresser sans retard leurs demandes à M. MISTRAL-GELLY, quincaillier, boulevard Jeu-de-Paume, 20, à Montpellier, en ayant soin d'indiquer la force des ceps qu'ils veulent greffer.

Les ventes se feront *au comptant sans escompte,* afin d'éviter des frais de correspondance et de retour d'argent qui seraient très onéreux. MM. les Viticulteurs sont priés de nous envoyer le montant en un mandat sur la poste.

En cas d'erreur dans les dimensions des ligatures demandées, elles seront échangées par d'autres, pourvu qu'elles soient renvoyées *franco.*

AVIS IMPORTANT.

Les livraisons se feront à partir du 1er mars jusqu'au 15 mai prochain.

Le sieur Verdalle se met à la disposition de MM. les Viticulteurs pour leur fournir tous les renseignements désirables, et se transportera sur les lieux s'il lui en est fait la demande.

Il peut également leur procurer de bons greffeurs s'ils le désirent.

TABLE DES MATIÈRES

AVIS IMPORTANT.

A première vue, la **Ligature VERDALLE** paraît ne pas devoir donner les résultats qu'on lui attribue Son plus grand tort vient de son extrême simplicité, et, si elle était plus compliquée et son mode d'emploi moins facile, peut-être inspirerait-elle plus de confiance. Pour beaucoup de viticulteurs, elle paraît ne pas devoir serrer suffisamment la greffe; pour d'autres au contraire, il semble qu'elle ne cédera pas au fur et à mesure de son développement et que de ce fait il se produira un étranglement.

Ce ne sont là que des apparences, et, quoiqu'il soit permis de faire des suppositions quand il s'agit d'expérimenter une chose nouvelle, il suffit d'en faire l'essai pour se convaincre que nous n'avons rien exagéré de ce que nous avançons.

Nous dirons donc aux viticulteurs soucieux de reconstituer leur vignoble dans de bonnes conditions, à ceux qui veulent obtenir des soudures parfaites et assurer par ce moyen la durée de leurs greffes : N'hésitez pas, faites usage des **ligatures Verdalle** ; avec leur emploi, vous

vous épargnerez bien des déceptions dans vos greffages à venir.

Nous leur dirons encore : Rappelez-vous que les nombreux mécomptes que nous avons éprouvés tous plus ou moins, depuis que nous poursuivons la laborieuse tâche de la reconstitution de nos vignobles, ne proviennent pour la plupart que du manque d'adaptation au sol et des mauvaises soudures des greffes.

Afin que chacun puisse se rendre compte des résultats obtenus par l'emploi de la *ligature VERDALLE*, nous faisons suivre ci-après les *nombreuses attestations* que nous avons reçues des viticulteurs qui en ont fait usage et qui, nous n'en doutons pas, se feront un plaisir de se mettre à la disposition de ceux qui désireraient s'assurer par eux-mêmes des résultats obtenus.

Nous reproduisons tout d'abord, avec son autorisation, deux lettres de M. G. GIRET, de Béziers, dont la compétence en matière de greffage ne saurait être contestée.

Béziers, ce 2 avril 1884.

Monsieur VERDALLE,

L'opinion que j'ai émise sur vos ligatures dans mon Rapport sur le Concours de greffage de Béziers n'a pas varié ; je dois même dire qu'elle s'est plus fortement accentuée.

En résumé, je persiste à croire que vous avez trouvé la vraie ligature pour achever d'assurer nos succès de greffage sur nos jeunes vignes américaines.

Permettez-moi de vous féliciter de l'heureuse idée que vous avez eue de fabriquer une pince spéciale pour placer ces ligatures. En se servant de cette pince ingénieuse, il est impossible au plus maladroit de déranger le greffon. C'est un cas qui arrivait malheureusement trop souvent quand on liait avec du raphia ou de la ficelle.

Signé : Gustave GIRET.

Béziers, ce 8 janvier 1886.

Monsieur VERDALLE,

Je n'ai aucun motif pour vous refuser d'insérer dans votre Notice explicative la lettre que je vous ai écrite en avril 1884.

Je conserve toujours la même manière de voir au sujet de vos ligatures, et je reste persuadé, comme je crois vous l'avoir écrit, que la seule chose qui s'oppose à leur emploi général est leur prix de revient un peu élevé.

Vous pouvez donc faire de ma lettre de 1884 tel usage qu'il vous plaira.

Signé : Gustave GIRET.

Blanquefort (Gironde), le 23 juillet 1885.

MESSIEURS,

Mes greffes ont assez bien réussi, et les insuccès que j'ai constatés doivent être attribués au mauvais temps qui a suivi le greffage dans notre contrée. A peine avais-je terminé cette opération que la pluie a commencé et a duré pendant plus d'un mois presque sans interruption.

Ce qu'il y a de certain, c'est que, grâce à vos ligatures, les soudures se font admirablement et sont infiniment meilleures que celles des greffes faites avec du raphia ou de la ficelle. Ad. VUILLAUME.

Azille (Aude), le 25 novembre 1885.

Monsieur MISTRAL,

Je ne vous ai pas écrit plus tôt relativement à la réussite des ligatures Verdaile, à cause de mes trop nombreuses occupations.

J'en ai été très satisfait, non seulement pour la réussite de mes greffes, mais surtout pour leur soudure régulière. Je me propose de n'employer cette année que cette ligature à l'exclusion du raphia. En repassant les greffes, j'ai fait ramasser par mes hommes les ligatures qui étaient aux sujets ; ils en ont trouvé un grand nombre qui étaient tombées toutes seules. Leur élasticité est aussi parfaite après leur emploi qu'avant.

Dr RAYMOND, propriétaire à Azille.

Le Thou, le 27 novembre 1885.

Messieurs VERDALLE et MISTRAL,

Je dois vous faire connaître les magnifiques résultats que j'ai obtenus par l'emploi de vos ligatures. Mes greffes sont splendides, avec 4 à 6 sarments de $1^m,50$ à $2^m,50$ de long et des soudures parfaites. On reconnaît très difficilement les points de soudure, et avec tout cela 97 % de reprises.

Les greffes de 1884 m'ont donné jusqu'à 15 gros aramons par pied. Tous ceux qui viennent voir mes greffes, et ils sont nombreux, sont émerveillés des résultats obtenus. Attendez-vous à des commandes très importantes pour les greffages du printemps de 1886.

Étienne JULIEN,
propr. et maire à Villemoustaussou (Aude).

Château de Lanet, par Mouthoumet (Aude),
le 5 décembre 1885.

MONSIEUR,

Je n'ai qu'à me féliciter d'avoir employé vos ligatures; elles ont pour moi une supériorité marquée sur tout autre genre de lien. Dans nos pays, où le vent souffle quelquefois très fort au moment où les greffes ont de belles pousses, vos viroles en acier ont l'avantage de maintenir encore le greffon et le porte-greffe étroitement liés, alors que la ficelle ou le raphia ont disparu, pourris dans le sol. J'ai remarqué de plus qu'avec votre système les greffes étaient en général plus vigoureuses, et qu'il était plus facile d'enlever les racines du greffon. F. de STADIEU.

Aspiran (Hérault), le 10 décembre 1885.

MONSIEUR,

Je réponds à votre lettre et suis heureux de vous dire que j'ai été très satisfait de votre ligature. J'ai fait essai, dans la même vigne, avec de la ficelle, ainsi que du raphia, et j'ai reconnu que la réussite de la ligature Verdalle était bien supérieure à toutes les autres. Je me dispose à vous faire une commande quand le moment sera venu.

Théodore PASTOUREL, propriétaire à Aspiran.

Saint-Georges, le 10 décembre 1885.

Mon cher Monsieur MISTRAL,

Veuillez, je vous prie, dire à Monsieur Verdalle combien je suis satisfait de son système de ligatures en acier. Après avoir essayé toute espèce de liens, je n'emploie que les siennes depuis deux ans, sur des vignes de plusieurs hectares, et malgré de minutieuses recherches je n'ai jamais pu constater aucun étranglement. Je n'ai que de bonnes soudures, et point de bourrelets.

Grâce à ces ligatures en acier, j'obtiens des vignes greffées aussi régulières qu'avant la destruction de nos vignobles.

Je n'en emploierai certainement jamais d'autres que celles-là, surtout si, comme vous me l'avez fait espérer, il vous est possible d'en diminuer un peu le prix.

Dieudonné ROUVIER,
propr. à Saint-Georges d'Orques (Hérault).

Murviel (Hérault), le 13 décembre 1885.

Messieurs VERDALLE et MISTRAL,

Je suis heureux de vous faire savoir que je n'ai qu'à me féliciter de l'emploi de vos ligatures en acier. Les résultats que j'ai obtenus cette année sont venus confirmer ceux de l'année précédente, et je n'hésite pas à dire que grâce à vos ligatures la soudure des greffes se fait infiniment bien. J'ai eu l'année dernière des greffes admirablement soudées et 98 % de reprises. Mes greffes du printemps dernier ont aussi bien réussi, malgré les difficultés que présentaient les plants à greffer; bon nombre étaient à mérithalles très courts, et il fallait trancher le premier nœud pour pouvoir donner au biseau du greffon une logueur suffisante : les soudures ne laissent rien à désirer et j'ai eu 97 °/₀ de reprises.

Je ne dois pas vous laisser ignorer que la première année que j'ai employé de vos ligatures, l'impression qu'elles me produisirent, une fois placées sur le sujet greffé, ne m'inspirait pas confiance ; je n'étais pas seul du reste à penser ainsi.

En présence des résultats obtenus pendant deux années consécutives, je suis pleinement convaincu de la bonté de votre système de ligatures, et pour ma part je n'en emploierai jamais d'autre à l'avenir. Je ne crains pas d'affirmer qu'une fois mieux connu, il sera apprécié à sa juste valeur et qu'il épargnera de nombreuses déceptions aux viticulteurs qui en feront usage.

La récolte de cette année sur les greffes de 1884 a été très satisfaisante, les sarments sont très vigoureux. Enfin, je n'ai reçu que des éloges des propriétaires du pays qui sont allés visiter ces greffes, soit pour leur récolte, soit pour leur vigueur.

Pierre Justy, propriétaire à Murviel.

Castelnau d'Aude, le 29 décembre 1885.

Monsieur Mistral, à Montpellier,

Je suis très satisfait des ligatures Verdalle. Les soudures sont généralement belles, la réussite de 90 °/₀.

Par suite d'une petite maladie, je fus obligé de cesser ce travail, et alors je fis faire le restant de la pièce par d'habiles greffeurs, qui ne voulurent employer que le raphia ; la réussite de cette partie n'a été que de 60 °/₀ environ. Il est juste d'ajouter que chez d'autres propriétaires ils ont mieux réussi que chez moi.

Toutes ces greffes ont été faites dans un terrain fort, à la nature duquel j'attribue l'absence de racines aux greffons à peu près partout.

Je m'abstiens de conclure; les faits, en pareille matière, parlent tout seuls.

A. Cavaillez, propriétaire,
conseiller d'arrond., à Castelnau d'Aude.

Je soussigné Benoit Limouzy, propriétaire à Montredon, canton de Narbonne (Aude), certifie avoir fait usage de la ligature Verdalle et avoir obtenu un très grand succès, soit 98 °/₀ de bonnes soudures ne laissant rien à désirer.

J'ai remarqué chez d'autres propriétaires des greffes ligaturées avec le raphia, dont un seul côté était soudé, ce que je n'ai pas chez moi, lors de l'enlèvement des racines du greffon, opération qui m'a été très facile à cause de la ligature Verdalle.

En foi de quoi j'ai délivré le présent.

Montredon, le 23 décembre 1885.

B. Limouzy.

Bassan, le 22 décembre 1885.

Monsieur Verdalle,

L'année dernière, j'ai employé pour une partie de mes greffes votre système de ligature. Je m'en déclare réellement satisfait, et dorénavant je n'emploierai plus que vos viroles, qui donnent des soudures irréprochables en rapport à la ficelle ou au raphia, sans compter que beaucoup d'entre elles me serviront pour l'année prochaine.

Bertariès Filbert, propriétaire et
conseiller municipal à Bassan, près Béziers.

Bassan, 23 décembre 1885.

Monsieur,

Je vous répondrai d'autant mieux, que les résultats obtenus chez moi sont entièrement satisfaisants. Il y a deux ans, j'ai expérimenté votre ligature sur un nombre de souches déterminé.

Depuis, en présence des avantages que j'ai reconnus à cette ligature, j'ai proscrit impitoyablement caoutchouc, ficelle et raphia, et ne fais plus usage que des viroles Verdalle. Ce n'est pas que j'attribue le succès de mes greffes à l'usage exclusif de cette ligature, mais certainement elle entre pour beaucoup dans mes réussites. Les reproches que l'on fait, à bon droit, aux divers modes de ligature, me paraissent corrigés par votre système, qui a tous les avantages de ces derniers sans en avoir les inconvénients. Le caoutchouc, en effet, serre trop, étrangle le porte-greffe et ne pourrit pas du tout.

La ficelle ou le raphia disparaissent trop tôt, suivant les influences hygrométriques et à une époque où la soudure ne peut être faite, abandonnant ainsi la greffe à ses propres forces, incapable de résister au moindre événement contraire.

L'emploi de votre ligature m'a paru devoir remédier à cet état de choses : elle évite l'étranglement, cède en raison du développement de la partie greffée et disparaît d'elle-même lorsque le pied atteint une grosseur normale. Son mode d'emploi est des plus simples et des moins onéreux, puisqu'une personne peut tenir tête à bon nombre de greffeurs. A tous ces avantages, reconnus par tous ceux qui font usage de vos viroles, il est un grief que je ne puis passer sous silence, puisque vous me demandez mon opinion : c'est la cherté de vos ligatures. Cependant je vous dirai que j'en suis très satisfait, et que l'année prochaine, comme les autres, j'en ferai usage. C'est la meilleure réponse que je puisse vous faire.

Georges BERT, propriétaire à Bassan.

Villenouvette, le 22 décembre 1885.

Monsieur MISTRAL, à Montpellier,

En possession de votre honorée du 18 courant. Les ligatures en acier de M. Verdalle sont appelées à jouer un grand rôle dans le greffage, et, comme vous le dites fort bien, quand elles auront atteint le bon degré de fabrication.

Les résultats que nous avons obtenus ont été bons ; le serrage de ces ligatures sur le greffon est assez fort, et il le faut ainsi.

TISSANDIER, régisseur au château de Villenouvette, commune de Peyrens (Aude).

Bassan, le 23 décembre 1885.

MONSIEUR,

L'année dernière, sur les instances de quelques amis, j'ai employé quelques ligatures Verdalle sur plusieurs centaines de greffes.

J'ai pu constater avec plaisir l'excellence de ce mode de ligature, et dorénavant, oubliant raphia et ficelle, je ne me servirai que des viroles de M. Verdalle.

Alexandre VINCHE, propriétaire à Bassan (Hérault).

Tours, le 20 décembre 1885.

MONSIEUR,

J'ai eu cette année, comme la précédente, de forts bons résultats des ligatures Verdalle. La reprise de mes greffes a été de 90 %. Je me servais avant de corde et de raphia, dont je n'ai pas eu à me louer, à cause de l'humidité du printemps dans notre région ; la ligature était plus longue à opérer et souvent en la faisant on dérangeait la greffe.

Je me sers maintenant simultanément de ligatures Verdalle et de roseaux : je vois peu de différence dans le résultat ; mais quand je greffe près d'un nœud, je ne puis me servir que des ligatures en acier, et je continuerai à les employer.

L'enlèvement des racines se fait aussi facilement qu'avec tout autre lien, la soudure et la végétation ne laissent rien à désirer.

En résumé, je me plais à constater que la ligature Verdalle est d'un emploi pratique et je continuerai à m'en servir et à la conseiller.

Fernand DIVIDIS, propriétaire à Saint-Firmin, près Pezou (Loir-et-Cher).

Bassan, le 19 décembre 1885.

Monsieur VERALLE,

Depuis deux ans j'emploie vos viroles, soit pour des essais comparatifs, soit pour divers propriétaires; je ne puis que vous féliciter du nombre des reprises et des soudures parfaites que donne votre système. Tous les propriétaires qui en ont déjà employé sont convaincus que c'est le meilleur système de ligature, le seul qui puisse braver l'excès d'humidité, qui est la perte de beaucoup de greffes. Quelques-uns ne voulaient pas en entendre parler ; mais, après expérience faite, ils sont devenus vos plus chauds partisans. D'autres trouvaient le prix des ligatures trop élevé ; mais quand ils se sont aperçus qu'un greffeur, en employant vos viroles, faisait presque autant de travail que deux autres ligaturant avec la ficelle ou le raphia, que le nombre des reprises était toujours supérieur, tout en faisant des soudures plus parfaites, ils se sont rendus à l'évidence et n'emploieront dorénavant que votre système.

L'avenir gagnera à votre cause de nombreux adhérents ; vous verrez venir à vous les propriétaires qui auront appris à leurs dépens que le raphia sulfaté produit étranglement ; que, l'excès d'humidité faisant disparaître trop tôt les ligatures usitées, elles laissent le porte-greffe s'entr'ouvrir, et l'on voit alors se former au collet de la greffe, soit un bourrelet produit par la sève, ou bien une oreille de bois mort de chaque côté de la soudure. Tandis que vos viroles, serrant continuellement et ne cédant qu'à mesure que le sujet force, produisent toujours de bonnes soudures.

GUIRAUD Louis, propriétaire à Bassan, lauréat au concours de greffage de Béziers.

Bassan, le 17 décembre 1885.

Monsieur VERDALLE,

Ayant fait l'essai de vos viroles pour les greffages du printemps dernier, je ne puis que vous féliciter des résultats que j'ai obtenus, tant pour la réussite que pour la soudure. Quoique ces greffes aient été faites dans un terrain fort humide, j'ai eu des soudures irréprochables, tandis que j'ai eu beaucoup à me plaindre des ligatures faites avec le raphia ou la ficelle, que j'ai employés concurremment dans la même pièce afin que l'expérience fût concluante. Au déracinage, j'ai constaté que les greffes faites avec raphia ou ficelle avaient été trop vite abandonnées par leur ligature et leur soudure laisse beaucoup à désirer. Celles faites avec les ligatures en acier, dont une bonne partie me serviront pour l'année prochaine, n'ont pas eu cet inconvénient, car les soudures se sont faites dans les meilleures conditions.

A mon point de vue, vos ligatures sont excellentes, et je n'en emploierai pas d'autres pour les greffages de 1886, à moins que les sujets ne s'y prêtent pas [1].

César Gély, régisseur chez M. Gély Hillaire, propriétaire à Bassan.

Saint-Georges, le 15 décembre 1885.

Ayant fait usage de la ligature Verdalle dans une pièce de terre où j'ai employé aussi les ligatures usitées, j'ai constaté que la ligature Verdalle m'a donné un succès presque complet et que les soudures, surtout, sont plus parfaites.

En foi de quoi j'ai délivré la présente attestation, pour valoir ce que de droit.

A. David, propriétaire à Saint-Georges.

[1] Les ligatures Verdalle peuvent être appliquées sur tous les sujets, n'importe leur diamètre et même quand le bois du sujet est tirebouchonné. Dans ce cas, c'est au greffeur de savoir comme il faut s'y prendre pour éviter que la fente du sujet ne suive le fil du bois ; il doit le trancher en inclinant la pointe du couteau vers le sol et non pas horizontalement.

Saint-Georges, le 16 décembre 1885.

Monsieur VERDALLE,

J'ai le plaisir de vous faire savoir que je suis extrêmement satisfait de l'emploi de vos ligatures en acier. Mes greffes sur Riparia d'un an sont d'une vigueur extraordinaire, et si aucun accident ne survient avant l'heure, je compte avoir l'année prochaine une très belle récolte. Je ne crois pas même que nos plantiers d'autrefois aient jamais donné à leur troisième feuille ce que donnent les greffes bien réussies sur cépages américains de même âge. J'ai 98 % de reprises et, ce que j'estime par-dessus tout, des soudures irréprochables.

En un mot, je puis dire sans exagération que mes greffes sont les plus belles de Saint-Georges ; ceux qui les ont vues ou qui viendront les voir ne me démentiront pas.

Etienne LAURENT, propriétaire à Saint-Georges.

Belmont (Aveyron), le 20 décembre 1885.

MONSIEUR,

J'ai fait dans le courant de l'année dernière environ 1,200 greffes ; j'ai employé toutes les ligatures que vous m'avez envoyées, et pour le reste j'ai mis du raphia non sulfaté. Je n'ai pas trouvé de différence dans les reprises, qui ont été à peu près de 80 à 90 %.

Si je ne greffais que pour moi, je n'emploierais presque exclusivement que les ligatures Verdalle ; je dis presque, car pour certains sujets dont le bois est tordu je reconnais que le raphia fait mieux jointer les bords, mais la majeure partie peuvent se faire avec votre ligature, qui abrège beaucoup le travail.

Pour l'enlèvement des racines que j'ai fait faire aux propriétaires, et que j'ai fait pour moi, nous n'avons éprouvé aucune difficulté. J'ai même employé cette année des ligatures qui m'avaient déjà servi l'année d'avant et qui m'ont donné les mêmes résultats; mais il s'en perd beaucoup, ou du moins on ne les recueille pas minutieusement.

Enfin, si je n'avais à greffer que pour mon compte, je n'emploierais que vos ligatures ; mais chez nous il y a des gens qui craignent de débourser et ne comptent pas ce qui revient le plus cher : ils préfèrent le raphia, mais moi non, et je vous prendrai les ligatures qu'il me faudra.

FOURNIER, Gabriel, propriétaire à Belmont.

Bassan, le 22 décembre 1885.

Monsieur MISTRAL, à Montpellier,

Je suis heureux de venir certifier, cette année encore, l'efficacité du système de ligature Verdalle.

Dans un plantier greffé de l'année dernière, je dois aux viroles en acier des soudures parfaites et une supériorité de 10 °/₀ de reprises sur le raphia.

Vous voudrez bien m'envoyer en temps utile 10,000 viroles des n°s 3 (2,000), 4 (6,000) et 5 (2,000). La plupart des viroles de l'année dernière, enlevées au déracinage, me serviront encore une fois.

Honoré REY, propriétaire à Bassan
près Béziers (Hérault).

Bassan, le 22 décembre 1885.

MONSIEUR,

L'année dernière, j'ai employé à titre d'essai les ligatures de M. Verdalle sur quelques centaines de greffes.

Je ne puis que me déclarer satisfait de ce mode de ligature. Elle est, à mon avis, bien plus sûre et plus commode à appliquer que le raphia.

Ed. Bertaries, propriétaire à Bassan.

Saint-Georges, le 15 décembre 1885.

Monsieur Verdalle,

J'ai employé cette année-ci deux mille de vos ligatures à titre d'essai, sur une plantation contenant environ quatre mille pieds ; le reste a été ligaturé avec du raphia. Le tout a réussi exceptionnellement, à 95 % de reprises sans distinction.

Quand j'ai fait couper les racines, j'ai suivi attentivement tous les pieds greffés avec ces diverses ligatures, et j'ai constaté que ceux pour lesquels j'avais fait usage de votre invention sont mieux soudés et ont poussé beaucoup moins de racines. Je donne la préférence à votre ligature et je vous prie de m'inscrire pour 10,000 que je prendrai en mars prochain.

Marius Merle, propr. à Saint-Georges d'Orques (Hérault).

Bassan (Hérault), le 18 décembre 1885.

Monsieur Verdalle,

Ayant fait cette année l'expérience de vos viroles, je puis déclarer que j'en ai été réellement satisfait. A mon avis, si vous pouviez donner à chaque dimension une demi-largeur de plus et en réduire le prix à 7 francs le mille par exemple, je suis persuadé que tous les greffages à venir ne se feraient plus qu'avec votre précieuse invention.

L. Pech, propriétaire à Bassan.

Montpellier, le 25 décembre 1885.

Monsieur Verdalle,

Je viens vous faire savoir qu'ayant fait usage de vos ligatures en acier, j'en ai été satisfait sous tous les rapports, mais surtout pour la bonne soudure des sujets greffés.

Malgré tout le bien qu'on m'en avait dit, je me refusais à croire que ce mode de ligature pût donner d'aussi bons résultats, et ce n'est qu'à contre-cœur que je l'employais ; j'en trouvais du reste le prix trop élevé.

Après expérience faite, je suis obligé de reconnaître que je m'étais trompé et qu'effectivement on n'avait rien exagéré en me vantant les bons résultats des ligatures Verdalle.

Je ne trouve plus aujourd'hui qu'elles soient trop chères, car l'économie de temps qu'elles permettent de faire, en diminue considérablement le prix.

Ensuite, si l'on considère que les greffes bien soudées ont une tout autre valeur que celles qui ne le sont pas, on trouvera que les ligatures en acier sont moins chères, en réalité, que les autres.

Louis Bouquet, propr., plan de l'Olivier, à Montpellier.

Montpellier, le 28 décembre 1885.

Monsieur Verdalle,

Je me fais un devoir de reconnaître que l'emploi de

vos ligatures m'a donné cette année des résultats excellents. J'en ai fait l'essai concurremment avec du raphia et je regrette aujourd'hui que toutes mes greffes n'aient pas été ligaturées avec des viroles en acier.

J'ai constaté que vos ligatures m'ont donné un plus grand nombre de reprises et des soudures si parfaites qu'il est presque impossible de reconnaître le point de soudure. Je ne puis en dire autant de mes greffes faites au raphia, et ne veux plus employer à l'avenir d'autres ligatures que les vôtres.

Bouquet aîné, propriétaire,
plan de l'Olivier, à Montpellier.

Saint-Georges d'Orques, le 30 décembre 1885.

Monsieur Verdalle,

J'ai l'honneur de vous informer que j'ai été bien satisfait de vos ligatures en acier. Si vous pouviez en diminuer le prix, ce serait parfait ; vous y trouveriez avantage, car vous en vendriez de plus grandes quantités.

P. Malzieu, propriétaire à Saint-Georges.

Saint-Jean de Védas, le 31 décembre 1885.

Monsieur Verdalle,

Je viens, selon vos désirs, vous faire savoir que je suis on ne peut plus satisfait de vos ligatures en acier. Mes greffes du printemps dernier sont de toute beauté et extrêmement vigoureuses. Elles me rappellent par leur régularité nos plus belles vignes d'autrefois J'ai de 95 à 98 % de reprises et des soudures parfaites. En un mot, je trouve qu'avec de tels résultats, vos ligatures sont moins chères qu'elles ne le paraissent ; elles éviteront bien des déceptions à ceux qui en feront usage. Quant à moi, je continuerai à m'en servir pour toutes les greffes que j'aurai à faire.

En attendant de vous envoyer ma commande pour la campagne prochaine,

RICOME, propriétaire à Saint-Jean de Védas, près Montpellier.

Saint Georges, le 1er janvier 1886.

Je soussigné, propriétaire à Saint-Georges d'Orques (Hérault), déclare avoir fait usage des ligatures Verdalle et en avoir été très satisfait. C'est la meilleure de toutes les ligatures. Quoi qu'on puisse dire, on lui reproche d'être un peu chère ; mais si l'on compare les résultats qu'elle donne avec ceux que donne trop souvent le raphia, on changera d'opinion ; pour moi, je n'en veux pas d'autres, et si on essaye une fois on y reviendra.

Calixte MICHEL, propriétaire à Saint Georges.

Saint-Georges, le 1er janvier 1886.

Je soussigné, Pierre Pujol, serrurier, propriétaire à Saint-Georges, certifie avoir fait usage de la ligature universelle Verdalle pendant deux années. Je n'ai qu'à me louer des résultats qu'elle m'a donnés, et si j'ai un regret, c'est de ne pas en avoir employé une plus grande quantité. Il faut dire que le prix en est un peu élevé, mais cela est compensé par l'économie de main-d'œuvre que l'on fait. On hésite aussi à employer ce système de ligature parce qu'on ne croit pas tout d'abord qu'il soit vraiment bon, et on ne peut en être convaincu qu'après en avoir fait l'essai.

Pierre PUJOL.

Pérols, le 2 janvier 1886.

Messieurs MISTRAL et VERDALLE, à Montpellier.

Ayant fait usage l'année dernière de vos viroles en acier pour mes greffages, je me fais un plaisir de vous signaler les beaux résultats que j'en ai obtenus, d'autant plus que je ne les employais qu'avec une médiocre confiance.

Comparativement aux ligatures faites avec du raphia ou de la ficelle, j'ai trouvé que les soudures étaient plus parfaites et beaucoup plus de reprises. Ce qui a attiré surtout mon attention, c'est que je les ai employées principalement sur des pieds dont la greffe n'avait pas réussi l'année précédente (des repiquages) ; les reprises et les soudures n'ont rien laissé à désirer.

Par conséquent, ayant une confiance absolue dans votre système de ligature, je me réserve à l'époque voulue de vous faire ma commande.

J. ARDISSON, propriétaire et maire à Pérols,
près Montpellier.

Alignan-du-Vent (Hérault), le 3 janvier 1886.

MONSIEUR,

Je réponds à votre lettre du 28 décembre écoulé, par laquelle vous me demandez des renseignements sur les viroles Verdalle. J'ai fait greffer, le 27 mars dernier, par deux greffeurs qui m'ont fait 360 greffes à l'anglaise avec du raphia. J'ai eu 285 reprises.

J'ai greffé moi-même à la fente, avec vos viroles, les plus petits plants, que mes deux greffeurs avaient refusé de greffer; j'en ai fait 50, et sur ce nombre j'en ai réussi 42, c'est-à-dire que j'ai obtenu le 84 %, tandis que mes greffeurs n'ont eu que le 79 %, soit 5 % de moins. Quoique l'essai porte sur un petit nombre de pieds, je suis persuadé que votre système donnera toujours un nombre plus élevé de reprises.

Cette année je recommencerai l'expérience, et j'espère pouvoir vous donner l'année prochaine des renseignements plus exacts.

Pierre Roques, propriétaire à Alignan.

Château de Sillans (Var), le 3 janvier 1886.

Monsieur,

Je puis vous dire que j'ai été très satisfait des reprises de mes greffes et que le nombre des manquants est insignifiant.

Je pense vous faire une commande dans peu de temps ; nous sommes quelques amis qui nous associerons, afin de ne faire qu'une seule expédition.

Voici ce que j'ai remarqué. Cette année, sur les greffes faites avec du raphia et avec de la ficelle, l'excès d'humidité que nous avons eu leur a profité, les pousses ont été plus belles ; mais, les ligatures ayant pourri trop tôt, il s'est produit un fort bourrelet au point de soudure, tandis que cela ne s'est pas produit avec les ligatures en acier. Nous avons eu même, cette année, une effroyable tempête qui a déraciné d'énormes arbres et nous a fait subir de grandes pertes ; les vignes ont éprouvé de grands ravages et surtout les greffes de l'année qui étaient mal soudées ; celles au contraire qui l'étaient bien ont résisté, et je les ai trouvées dans la partie faite avec vos ligatures.

L'emploi en est très facile et très économique comme main-d'œuvre. Quant à l'enlèvement des racines, je trouve que l'on n'a pas tant à faire attention au sujet, la virole en acier qui l'entoure tenant étroitement liés ensemble le greffon et le porte-greffe. Avec les autres liens, qui sont déjà pourris, on a beau prendre des précautions, on dérange toujours quelques greffons

J'ai remarqué encore que dans les greffes ligaturées avec la virole en acier, les racines du greffon se produisaient presque toujours au-dessus de la section du porte-greffe, tandis que sur celles faites au raphia on les trouve principalement sur la longueur du biseau insérée dans le porte-greffe.

On pourrait faire resservir une partie des ligatures qui ont déjà servi, mais il faudrait les enlever avant les pluies d'automne.

J. Jehan, propriétaire à Sillans (Var).

Ferrals (Aude), le 4 janvier 1886.

Monsieur Verdalle,

Je réponds à votre lettre pour vous dire que je ne puis pas vous donner de grandes explications sur ce que vous me demandez, attendu que les gelées que nous avons eues l'année dernière, au mois de mai, ont presque tué les plants que j'avais à greffer. Sur les plants dont le bois était sain, les greffes faites avec vos viroles sont bien jolies. Celles que j'ai faites avec du raphia le sont également, mais il m'a fallu les relier de nouveau.

Je pourrai, vers la fin de cette année-ci, vous donner des renseignements plus complets.

GRASSET, propriétaire à Ferrals.

La-Tour-de-France (Pyr.-Or.), le 5 janv. 1886.

MONSIEUR,

Je fais réponse à votre lettre que je viens de recevoir, dans laquelle vous me demandez quels sont les résultats obtenus avec la ligature Verdalle. Je suis très satisfait des viroles en acier, qui font une soudure beaucoup plus unie que la ficelle ou le raphia.

Quant à la végétation, je n'ai fait aucune remarque particulière, toutes ont bien marché.

J'ai procédé à l'enlèvement des racines françaises, du greffon, dans le courant de l'été ; en faisant cette opération, j'ai remarqué que les greffes faites avec les ligatures Verdalle avaient moins de racines que les autres.

BOURRAT, Pierre, propr. à La-Tour-de-France.

Cazouls-les-Béziers, le 6 janvier 1886.

MONSIEUR,

A ma rentrée de voyage, je trouve votre honorée du 28 de l'écoulé, à laquelle je m'empresse de répondre.

J'ai employé un cent environ de vos ligatures Verdalle : la réussite est à peu près comme celle que j'ai obtenue avec le raphia.

Les soudures me plaisent beaucoup ; en un mot, je ne suis pas mécontent.

Cette année j'emploierai le solde qui me reste, et l'an prochain je pourrai vous donner de plus amples détails.

V. Robert, propr. à Cazouls-les-Béziers.

Montpellier, le 10 janvier 1886.

Monsieur Verdalle,

Je me sers de vos ligatures depuis deux ans, et j'en ai été satisfait chaque fois. En 1884, j'en employai 373. Sur ce nombre, je n'eus que 3 manquants.

Ce qui me frappa le plus, ce fut l'extrême vigueur de ces greffes en comparaison de celles que j'avais ligaturées avec de la ficelle ; il y avait au moins une différence de moitié dans la longueur des pousses. Cette année, le nombre des reprises a été un peu inférieur, mes greffes ayant eu à souffrir, au mois de mai, d'une répercussion de sève. Cependant j'ai encore obtenu le 93 %. Les soudures sont magnifiques comme celles de l'année précédente. Les greffes du printemps de 1884 m'ont donné, l'année dernière, une très belle récolte. Si l'on doutait des résultats que je vous fais connaître, je me mets à la disposition de ceux qui voudraient venir visiter mes greffes.

En résumé, je continuerai à me servir de vos ligatures, et je conseille aux autres de les essayer une fois.

Fr. Dereims, 10, rue des Balances.

Montpellier. — Typogr. Boehm et Fils.

COMPTOIR AGRICOLE

De MONTPELLIER, 5, rue Dauphine, 5

De la maison **VERMOREL** Représentation générale des produits

De VILLEFRANCHE (Rhône).

Fabrique d'Engrais, de Sulfure de Carbone et de Machines agricoles

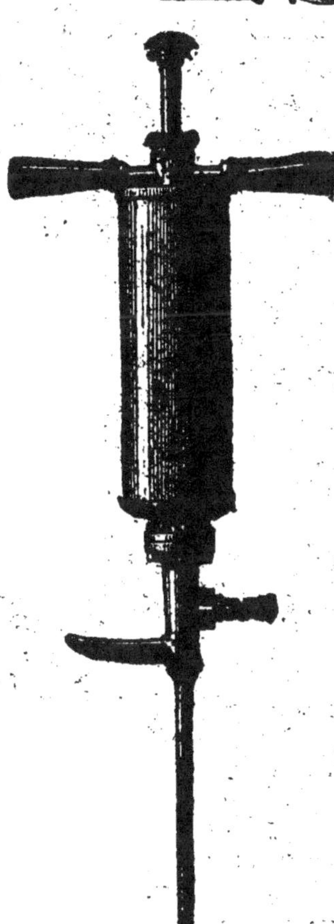

SULFURE DE CARBONE

SULFOCARBONATE

ENGRAIS POUR LA VIGNE

PRODUITS CHIMIQUES

ENGRAIS POUR TOUTES CULTURES

PALS GASTINE

Pals Gastine perfectionnés

BREVETS GASTINE ET VERMOREL

CHARRUE SULFUREUSE

MODÈLE SIMPLE ET LÉGER

BREVETÉ S. G. D. G.

GREFFOIRS KUNDE

Fournitures pour Greffage

VIGNES AMÉRICAINES

Machines Agricoles et Viticoles

Envoi franco

DU CATALOGUE ILLUSTRÉ

Montpellier. — Typ. Boehm et Fils.

www.ingramcontent.com/pod-product-compliance
Lightning Source LLC
LaVergne TN
LVHW050426160826
845677LV00002BA/549

* 9 7 8 2 3 2 9 6 8 9 7 4 6 *